DU SOMMEIL.

PAR LE CITOYEN CHABERT,

Directeur de l'Ecole Vétérinaire d'Alfort, membre associé de l'Institut national des Sciences et des Arts, membre de la Société d'Agriculture du département de la Seine, de plusieurs Académies et Sociétés savantes.

DEUXIÈME ÉDITION.

DE L'IMPRIMERIE D'ÉGRON.

A PARIS,

Au Magasin de Librairie, rue des Grands-Augustins,
N°. 24.

Et chez MEURANT, jeune, cour des Vétérans, près les
Tuileries.

L'AN IX DE LA RÉPUBLIQUE FRANÇAISE. — 1800.

AVIS

DE L'ÉDITEUR.

L'Auteur de cet Ouvrage l'a composé en 1793, pendant sa réclusion. La première édition est de cette époque. En peu de temps elle fut épuisée : on espère que celle-ci fera plaisir au public, cet opuscule contenant des vues d'une utilité constante, fondée sur une saine physiologie.

DU SOMMEIL.

Le Sommeil est cet état du corps pendant lequel les êtres qui respirent, éprouvent une interruption dans la communication des sens avec les objets extérieurs.

Pendant la durée du sommeil, il y a cessation d'action d'organes des sens, et cessation de tous mouvemens volontaires ; mais il n'y a pas cessation de mouvemens involontaire. C'est ce qui différencie le sommeil, de la mort: dans l'un, toute action indépendante de l'animal se trouvant conservée, et l'autre n'étant que la cessation entière et complète de tous ses mouvemens.

Ainsi, quoique l'on ait souvent assimilé le sommeil à l'état de mort, au moins momentanée, il n'est pas moins vrai qu'il est un des principaux élémens de la vie ; et telle est son utilité indispensable, que la nature, pour la conservation de ses êtres, l'a placé dans l'ordre des fonctions qu'elle a soustraites à leur volonté.

Le sommeil, en effet, est à l'exercice des facultés des corps animés, ce qu'est ce même exercice pour le sommeil ; l'un dépendant irré-vocablement de l'autre : et c'est des justes proportions entre ces deux extrêmes, c'est-à-dire, entre la durée de la veille et la durée du sommeil, que dépendent la vie et la santé.

De quelque façon que l'on considère ces deux manières d'être, je veux dire le mou-vement et le repos qui constituent notre exis-tence, il faut nécessairement convenir que le sommeil est une suite de l'exercice, que le premier signe de notre existence est le mou-vement des organes destinés aux fonctions vitales, et que c'est par la cessation de ce mouvement que nous finissons. Aussi, dans l'instant de la mort, l'anéantissement des sens précède-t-il l'extinction des facultés invo-lontaires.

Les organes, de quelque nature qu'ils soient, et dont l'ensemble constitue notre frêle machine et concourt à son existence, ne sont que des agens passifs ; ils n'exercent les fonc-tions qui leur ont été départies, que par l'en-tremise des nerfs, et ces mêmes nerfs ne

deviennent agens actifs que par le fluide nerveux qu'ils reçoivent du cerveau, du cervelet
et de la moelle allongée, pour le transporter
dans toutes les parties de la machine ; car il
n'est aucun point de toute la surface, tant in-
térieure qu'extérieure, qui puisse jouir de la
vie sans sa présence.

Ce fluide, dont la nature et la fabrication
nous sont inconnues, est l'âme de la machine
animale ; il est l'agent efficient de tous ses
mouvemens ; il exerce sur toutes ses opérations un empire absolu ; sa présence constitue
la vie ; et cette vie, ou les facultés qu'elle dé-
termine, en opère la filtration et la distribution
pour l'exécution des fonctions. C'est ainsi qu'il
est, tour à tour, cause et effet de sa perte et
de son renouvellement ; ainsi et de la même
manière que le sommeil agit pour amener
l'exercice des corps, et leur exercice pour
amener le sommeil.

Quoique le fluide nerveux humecte, arrose
et vivifie toutes les parties de la machine, ces
mêmes parties n'en consomment pas toutes
également la même quantité ; les organes des
sens et ceux destinés aux mouvemens volontaires, sont ceux qui en opèrent une plus
grande consommation ; aussi, comme cette
consommation se fait aux dépens de tout ce

qui constitue les organes du mouvement involontaire, l'exercice de ceux des mouvemens
volontaires se trouve-t-il limité, par la nécessité du repos que la nature a sagement appelé
à son secours. Ce repos est un temps nécessaire à la filtration de nouveaux sucs nerveux,
dont la perfection seule remplit le vœu de la
nature. Il ne pourroit être suppléé par rien,
pas même par une continuité ou une surabondance d'alimens; car le suc qu'elle auroit fabri-
qué par ce moyen, à la hâte, n'auroit pas les
qualités requises, et sa quantité, toujours in-
suffisante pour fournir à une distribution non
interrompue, seroit bientôt suivie de mouvemens décomposés et d'actions ou languis-
santes ou désordonnées, qui précéderoient la
destruction entière de la machine.

Telle est, en effet, la liaison des corps extérieurs avec nos sens, que pour en jouir avec
connoissance de cause et discernement, il faut
nécessairement et impérieusement une interruption de communication entre ces corps et
nous. Sans cette condition, les objets cessent
d'agir sur nos sens, par cela seul qu'ils conti-
nuent d'opérer sur des organes fatigués, qui
ne réagissent plus sur ces mêmes objets pré-
sentés à leur perception. La preuve en est
claire: trop de rayons lumineux offusquent et

n'éclairent pas ; des vibrations sonores, trop
fortes, blessent le tympan, et l'ouie fatiguée
cesse de percevoir, par cela seul qu'elle per-
çoit trop. Il en est de même des autres sens,
et c'est ainsi que la nature, par une prévoyance
admirable, a établi une proportion entre la
délicatesse de nos sens, la consommation des
esprits animaux qui les rendent susceptibles de
perception, et la force des objets à percevoir
ou à sentir.

Quant au sens intellectuel, ce sixième sens
produit par tous les autres, dont l'étendue et
la perfection dépendent du bon usage que l'on
peut faire et même qu'on a fait des images ré-
fléchies sur nos sens extérieurs; il n'opère pas
moins, à sa manière, une consommation très-
considérable de sucs nerveux; on observe
même qu'il en consomme d'autant plus, qu'il
est plus long-tems et plus fortement employé.

L'usage modéré ou immodéré qu'on en fait,
pour l'étude, la méditation ou les combinai-
sons, en déterminent la conservation ou la
perte, selon le degré d'exercice qu'on lui
donne. Dans un état d'attention très-soutenue,
nous éprouvons que la trop grande tension de
notre esprit nous isole des objets extérieurs,
au point que rien ne nous frappe plus que
l'objet de notre occupation actuelle, et que

tout le reste est nul pour nous. Dans un état d'application encore plus forte, ce sens, à mesure que cet état augmente ou se prolonge, finit par s'émousser au point de refuser le service, tellement que les choses peuvent aller par degrés jusqu'à l'altération de la raison ; tant il est vrai que le terme de sa perfectibilité touche à celui de son abolition.

Ainsi, la perspicacité dont peuvent être doués les uns et les autres de nos sens, est bornée ; et ces bornes étroites ou étendues dépendent, suivant toutes les apparences, d'une part, du degré de perfection des organes, et de l'autre, de l'usage bien ou mal entendu, modéré ou immodéré, que nous faisons des facultés qui leur ont été départies.

De tout ce que nous venons de dire nous devons nécessairement conclure que nos facultés morales sont relatives à nos facultés physiques, et que celles-ci sont absolument subordonnées aux moyens que l'on prend pour les alimenter, soit par la voie de l'exercice, soit par celle des alimens proprement dits, soit par la voie du repos.

L'homme voudroit envain lui-même, ou résister, ou ne pas pourvoir à ce dernier besoin ; la nature y a mis bon ordre ; et c'est alors qu'abandonnée à elle-même, et n'étant troublée par aucune puissance étrangère , elle s'entoure de ténèbres , elle fuit non-seulement les corps résonnans , mais généralement tous ceux qui peuvent attirer son attention et l'émouvoir ; les corps tactiles n'agissant plus sur elle , le repos se manifeste par le relâchement des muscles et par l'affaissement des membres ; cette cessation de sensations est bientôt suivie du sommeil , qui est d'autant plus doux et d'autant plus restaurant , qu'il est plus complet.

La principale cause du sommeil est donc l'émission du suc nerveux , ou la perte qui s'en fait pendant la veille , soit qu'il s'écoule pour fournir aux moteurs des mouvemens volontaires , soit qu'il se consomme pour l'usage des sens , et pour fournir aux jeux des organes des secrétions et des excrétions. Plus l'action de ces parties , ensemble ou séparément , est considérable , plus le cerveau est nécessité à des émissions de suc nerveux , en sorte que ce suc s'épuise peu à peu , et qu'une fois sorti du cerveau il n'y rentre plus.

Ce n'est que par de nouvelles filtrations de ce même suc , qu'il est possible de fournir à de nouvelles émissions ; il s'ensuit que la nature est forcée de prendre un temps de repos , pour donner au cerveau le moyen de le préparer.

Ce temps n'est pas le même pendant toutes les époques de la durée de la vie : le sommeil est d'autant plus long que le sujet est plus jeune. Ces proportions de la durée du repos, à celle de l'exercice dans les différens âges, se graduent, pour ainsi dire, jusqu'à la vieillesse la plus reculée ; et cette loi est si impérieuse, que l'inverse de son exécution est également funeste à l'enfance et à la vieillesse.

Mais donnons à ces idées plus de développement. Les premiers élémens du fœtus sont une goutte de fluide douée d'un mouvement particulier. Ce mouvement, soit qu'on le regarde comme inhérent à cette goutte de matière, soit qu'il lui ait été imprimé, lors de la conception, n'est bien sensible, dans les volatiles ou ovipares, qu'après quarante-huit heures d'incubation. Il est plus long-temps à paroître dans les animaux vivipares ; et on peut dire, en général, qu'il est d'autant plus long-temps à paroître, que la gestation est plus longue. Aussi l'aperçoit-on le cinquième jour dans le fœtus, tant de la brebis que des chiennes et des chattes ; tandis qu'il ne se montre que le huitième ou neuvième jour dans le fœtus de la vache, et du dixième au onzième dans celui de la jument.

La partie qui se meut la première est le

cœur; il se montre sous forme d'aréole. Toutes les autres parties étant transparentes, ne peuvent être aperçues. Il se resserre et se dilate. Ces deux mouvemens sont sans intermittence et sans interruption; ils ne finiront qu'avec la vie. Ce viscère et les artères qui en partent, étant les seules parties de la machine qui se meuvent sensiblement, doivent d'autant moins consommer de sucs nerveux, que la sistole, action seule qui en exige, peut tout autant être attribuée à l'action du sang qu'à un afflux de sucs nerveux dont la nature a déjà elle-même garni les élémens du fœtus. Car d'après les observations les plus attentives et les plus scrupuleuses, la mère ne sauroit en fournir. La chose est démontrée dans les ovipares, et le microscope, susceptible de grossir le plus les objets, n'en a point fait apercevoir dans les membranes du placenta. Ce n'est que lorsque le fœtus est entièrement développé, ou plutôt que lorsque les parties qui le constituent sont apercevables, que nous voyons son corps et ses membres doués de quelques mouvemens; encore là nature a-t-elle sagement borné leurs actions par l'étroitesse de l'amnios; cette enveloppe immédiate, abstraction faite des eaux qu'elle renferme, ne lui permettant, dans le commencement, que des oscillations, dont l'étendue

est à peine de quelques degrés. Ces mouvemens sont encore plus rétrécis dans les ovipares ; la nature en devoit être d'autant plus
économe , qu'elle n'a renfermé dans l'œuf
que la quantité absolument nécessaire au
développement et à la nutrition du poussin.
Aussi , tout prouve que les fœtus , pendant
tout le temps qu'ils séjournent dans l'antre
utérin , ne jouissent que d'une vie végétative
et de quelques mouvemens automatiques ou
machinaux , qu'on ne peut mieux comparer
qu'aux actions qui se passent dans la végé-
tation. Ce n'est donc que lorsque le fœtus
est sorti de l'enceinte qui le tenoit asservi ,
et qu'il a été débarrassé de ses enveloppes ,
qu'il jouit de ce qu'on appelle la vie animale.
Sa première action , lors de sa première im-
mersion dans l'air , est l'éternument ; la forte
inspiration que cette action exige pour être
effectuée , met les poumons en jeu , et la respiration une fois commencée , ne peut plus
s'éteindre qu'avec la vie.

Dès cette époque, les mouvemens commen-
cent à devenir volontaires ; les sens tendent à
s'exercer ; le premier , celui dont les fonctions importent le plus à la conservation du
sujet, se manifeste avec une volonté plus ou
moins décidée ; le sens du goût le porte à

saisir le mamelon, et la succion achevée, est suivie instantanément d'un véritable sommeil. Celui dont il jouissoit dans le ventre de sa mère, n'étoit qu'un engourdissement semblable à celui qu'éprouvent les marmotes, les loirs, les muscardins, etc.

Par ce mode d'exécution, on voit que la nature, avant de faire jouir le jeune sujet de ses sens, a voulu *compléter l'exécution des mouvemens involontaires.* La respiration étant en action, le sens du goût ne s'est annoncé qu'après plusieurs inspirations et expirations successives ; ce qui porte à croire que la portion d'air pur ou vital qu'a aspirée la substance pulmonaire, se mêle au sang ; et que ces fluides ainsi combinés, deviennent, à compter de cette époque seulement, propres à fournir au cerveau la véritable matière de filtration du suc nerveux. Peut-être que ce suc n'est, à proprement parler, que ce même air pur, modifié d'une certaine manière ; mais tout ce qui nous paroît suffisamment prouvé, c'est son existence ; les ligatures et les compressions ne nous laissent aucun doute à cet égard ; l'un ou l'autre de ces moyens pratiqués à un tronc de nerf, suspend sur-le-champ le sentiment et le mouvement de la partie dans laquelle il se distribue ; ce senti-

ment et ce mouvement se rétablissent en opé-
rant une légère pression continuée de la ligature à cette même partie, laquelle reprend ses
droits dès que l'obstacle a été enlevé (1).

La marche de la nature, dans l'usage qu'elle
fait du suc nerveux, n'est pas moins digne
de l'attention du philosophe que du simple
observateur de ses opérations. Toujours économe, elle ne va jamais au-delà du besoin.
En architecte habile, elle établit l'édifice
avant de le meubler; et c'est ainsi que,
pendant tout le temps que dure l'enfance,
elle n'a pas permis que les sens du jeune sujet
fissent autant d'usage du suc nerveux, qu'ils
en feront par la suite; moins il est avancé en
âge, plus ses sens sont obtus. Le sixième sens
ou l'intellectuel, ne commence à donner des
signes de son existence qu'à fur et mesure
que le sujet approche de sa puberté. Malheur
à celui qui en fait usage avant cette époque;
plus sa maturité, à cet égard, sera précoce,
plus sa perte sera prochaine; tant il est vrai
que les lois qu'a établies la nature dans la
filiation des modifications par lesquelles nous
devons nécessairement passer, ne peuvent
être interrompues ou violées sans altérer,
d'une manière plus ou moins sensible, notre
organisation. Le but de cette mère commune

est donc que les sucs travaillés par elle, soient d'abord employés au développement de la machine, afin de l'établir sur des fondemens solides. De là ce besoin indispensable, cet appétit insatiable qu'éprouvent tous les jeunes êtres d'exercer leurs facultés physiques, en sorte que leur mouvement leur est tout aussi indispensablement nécessaire que le boire, le manger et le sommeil.

Plus la consommation des alimens sera considérable, plus l'exercice deviendra, soit un besoin, soit une nécessité; plus le sujet aura cédé à ce besoin d'exercice, plus le repos sera ou forcé ou prolongé.

Enfin, plus cette série bien ordonnée de nourriture, d'exercice et de repos, se sera augmentée, et plus la liberté de mettre de lui-même en exercice toutes ses facultés deviendra grande, plus le sujet s'accroîtra, se fortifiera, jusqu'au terme que la nature a fixé pour son décroissement. Toute pratique contraire à cette marche est destructive de la perfection de l'organisation. Dès l'instant que le corps ne profite plus, il dépérit, par cela seul qu'il ne profite plus. Il en est au physique comme au moral; les progrès ne sauroient être suspendus dans l'un ou dans l'autre cas, sans qu'ils ne rétrogradent plus ou moins.

En effet, lorsque l'homme veut mettre indiscrettement la main à tout ce que la nature a pris soin d'ordonner, de compasser et de mesurer elle-même pour l'accomplissement de ses vues ; lorsqu'à dessein ou par ignorance, il prétend y mêler les siennes, tout ce qu'il fait ou prétend faire devient faux infailliblement, et conduit la machine vers un but diamétralement opposé à ce grand ordre conservateur et régénérateur de toutes choses, dont la machine animale, entre autres, nous présente à chaque pas les merveilles. Je ne me permettrai aucunes applications sur la violation de ces principes, elles se feront d'elles-mêmes ; il suffira de comparer et de juger. Mais nous observerons que pendant la durée de l'enfance, la nature est entièrement occupée du développement du sujet, de fortifier ses organes et ses puissances motrices, en même tems qu'elle les étend. Archimède demandoit un levier et un point d'appui pour soulever le monde : la nature, pour élever ses productions, n'a besoin que d'alimens sains et en quantité suffisante, c'est-à-dire, à satiété. L'exercice et le repos sont les instrumens dont elle fait usage pour employer ces matériaux à la confection de son ouvrage, ainsi qu'à l'entretien de l'édifice qu'elle a élevé.

Par

Par l'exercice, elle accélère la marche des liqueurs. Le mouvement qui leur est imprimé les oblige d'aller et de venir, pour aller encore dans toutes les parties un plus grand nombre de fois, dans un espace de temps donné. Cette accélération de mouvement les affine, les combine pour leur donner le degré d'homogénéité dont elles ont besoin, pour être animalisées et rendues propres aux différentes assimilations et incorporations qu'elles doivent opérer dans toutes les parties de la machine, sans aucunes exceptions. Car il ne doit rester aucun de ses points qui n'en reçoive et ne s'en identifie une quantité proportionnée à la texture des parties, et cette texture est toujours relative aux usages auxquels elles sont destinées. Dans cet état de choses, la force des fluides l'emporte sur celle des solides. De là l'extension ou le développement de ceux-ci, extension qui est encore accrue par le mouvement propre, inhérent à ces mêmes parties solides ; ainsi leur accroissement, en tout sens, se trouve opéré par l'exercice, lequel produit deux actions presque simultanées, l'accélération des liqueurs et leur animalisation.

Il ne faut pas croire que toute espèce de mouvement produise cet heureux effet. Des

B

actions forcées ou dirigées au-delà ou deçà de la puissance motrice de la fibre l'énervent, bien loin de la fortifier ; aussi la nature s'y refuse-t-elle constamment, et ce n'est qu'en la violentant qu'on la force à agir au-delà de ses moyens, ou qu'on la contraint au repos, soit dans toutes ses parties, soit seulement dans quelques-unes d'elles.

L'exercice confortatif, c'est-à-dire, tous les mouvemens que la nature appète, soit pour favoriser le développement des organes moteurs, soit pour les entretenir le plus long-temps possible dans le degré d'extension et de puissance auquel ils peuvent atteindre ; voilà ce qu'elle veut, voilà ce qu'elle exige même impérieusement ; et, pour peu que la grande liberté dont elle a besoin soit contrainte en plus ou en moins, la nature souffre, s'altère et se vicie sous une infinité de rapports.

Sans entrer dans tous les détails qu'exige une bonne gymnastique, nous dirons que dans quelque âge que l'on abuse de l'exercice, soit du corps, soit de l'esprit, on ne le fait pas impunément. La fibre a un ton de force, relatif aux différentes époques de la vie : flexible et délicate dans un âge tendre, ferme et compacte dans un âge fait, dure et racornie dans un âge avancé ; elle est d'autant plus susceptible de mouvement, qu'elle est plus délicate ; elle l'est d'autant moins, qu'elle est plus dure et plus racornie. L'état moyen est donc celui où la fibre jouit de toute la force et de toute l'énergie qui lui ont été départies par la nature. Aussi les mouvemens sont-ils arrondis, souples et gracieux dans les jeunes sujets, de quelque espèce qu'ils soient ; fermes, assurés et justes dans l'adulte ; roides foibles et incertains dans le vieillard. Dans la première époque de la vie, c'est-à-dire, dans l'enfance, la fibre est sollicitée à des mouvemens, pour ainsi dire, non interrompus. Ces mouvemens sont proportionnés à l'étendue de son ressort, et, comme ce ressort est d'autant plus facile à mettre en action que la fibre est plus délicate, il s'ensuit que les mouvemens qu'elle opère, occasionnent d'autant plus de consommation de ce suc, que ses mouvemens sont plus nécessaires pour son extension et sa confection ; plus cette consommation est considérable, plus le sommeil est prolongé.

Dans la seconde époque de la vie, la fibre, parvenue à son terme d'accroissement et de force, présente aux fluides une résistance qui modère la vélocité de leur marche ; les mouvemens actifs et passifs étant en raison les uns des autres, se contrebalancent mutuellement ; ces mouvemens sont moins pressés, plus réguliers et plus énergiques. Cet équilibre dans les actions et dans les réactions des parties, en établit un autre dans la consommation des fluides ; ils ne sont plus employés qu'à l'entretien de la machine, qui n'a plus, par cette raison, besoin d'un sommeil aussi prolongé que dans l'époque précédente.

Enfin, dans la dernière et troisième époque de la vie, les solides présentent d'autant plus d'inflexibilité et d'autant moins de ressort, qu'ils sont plus durs et plus compactes ; et c'est ainsi que les mouvemens deviennent d'autant plus difficiles, que la dureté ou la roideur des solides est plus considérable. Plus leur résistance est forte, plus la marche des liqueurs rencontre d'obstacles ; plus ces obstacles sont grands, moins il afflue de suc dans les parties ; de là leur dessèchement, leur ossification même, l'insomnie et la mort.

Par le sommeil, suite nécessaire de l'exercice dont nous avons parlé plus haut, la nature produit donc deux effets : le premier est l'assimilation et l'incorporation des sucs déjà élaborés par l'exercice ; le second, la réparation de toutes les pertes qu'elle a faites pendant la veille. Mais elle accroît encore la masse de ses produits ; et cette addition, dont chacune de ses parties profite, doit s'opérer jusqu'au terme d'un accroissement complet. L'accroissement achevé, elle se borne à entretenir la machine ; aussi le sommeil est-il alors moins long. Il sera par la suite d'autant plus court, que la fibre sera plus rigide, qu'elle sera moins apte aux mouvemens, et que le suc nerveux arrivera plus difficilement dans les parties.

La cause efficiente du sommeil est donc la dissipation du suc nerveux pendant la veille, ainsi que la perte d'une infinité d'autres sucs nourriciers, soit qu'ils n'aient servi que de leste à la machine, soit que, devenus inutiles après avoir servi à des usages particuliers, ils soient rejetés hors des voies des différens filtres secrétoires et excrétoires. Toutes ces pertes entraînent nécessairement l'affaissement des solides ; celui du cerveau est d'autant plus grand, que ce viscère a plus de mollesse, son degré de densité étant toujours en raison de l'âge du sujet, abstraction faite de l'état maladif. C'est encore une des raisons pour lesquelles les enfans dorment plus long-tems que les adultes, et ceux-ci plus que les vieillards. La cause de l'affaissement du cerveau est aussi celle de l'affaissement des organes des sens,

ainsi que celle des muscles destinés aux mouvemens volontaires. Cet affaissement , qui suspend les fonctions de tous ces agens actifs et
passifs , suspend aussi l'émission du suc nerveux destiné à les mettre en action. Cette sus-
pension de l'écoulement de ce fluide , agent efficient des mouvemens et de la vie , étoit indispensable pour donner le tems aux fibres de re-
prendre d'une part le ressort , et de l'autre ,
de recouvrer les sucs nourriciers qu'elles ont
perdus pendant la veille. (Voyez *Nutrition*
accroissement). (2).

Toutes les fois que les fonctions du cerveau
seront interrompues par toutes autres causes
que celles que nous venons d'énoncer , c'est-
à-dire , par la perte du suc nerveux , résultat
d'une succession d'émissions libres et modé-
rées , le sommeil , proprement dit , n'aura
pas lieu ; car les assoupissemens comateux ,
les affections soporeuses , produites par quelque cause que ce puisse être , sont une annonce
de la souffrance ou de la destruction de la
machine , et non pas un sommeil ; tandis que
la fonction qui nous occupe est indispensable
pour sa conservation. Ainsi , tout assoupissement qui sera le produit d'un obstacle quelconque dans le cerveau , ne sera point propre à
la conservation de la machine , ni à la confection des sucs , à leur assimilation et à leur

identification avec les solides qu'ils restaurent et qu'ils renouvellent sans cesse. Ces obstacles sont en très-grand nombre; nous ne rapporterons ici que les principaux qui ont été offerts à notre observation, soit par des accidens naturels, soit par des expériences; tels 1°. que la compression du cerveau, causée par l'enfoncement d'une portion du crâne; 2°. la compression d'un de ses lobes, opérée immédiatement avec la main, après qu'une partie du crâne a été enlevée; 3°. les épanchemens d'un fluide quelconque entre les méninges; 4°. la rétention du sang dans une de ces parties, par suite de la ligature des jugulaires; 5°. l'affluence de ce fluide dans la masse cérébrale, suscitée par des embarras éloignés, tels que ceux provenant de la surcharge de l'estomac; 6°. la raréfaction subite du sang, sa surabondance et son affluence au cerveau, etc. etc. Tous ces événememens peuvent produire des affections plus ou moins soporeuses qui ne sont en général qu'un assoupissement léthargique, aussi éloigné du véritable sommeil, que la maladie l'est de la santé. L'intensité de ces effets est assez constamment relative à l'activité de la force qui les produit, ensorte qu'ils peuvent opérer les plus grands désordres et même la mort, comme il est possible qu'ils ne produisent que des déran-

gemens momentanés. Mais dans l'intervalle
qui sépare ces deux extrêmes , il y a une
infinité de nuances qu'il importe d'examiner.
On a vu des assoupissemens d'une très-longue
durée qui ne fatiguoient pas extrêmement le
malade ; d'autres beaucoup moins longs, qui,
étant accompagnés de rêves affreux, les tour-
mentent plus ou moins cruellement ; d'autres
où , après avoir éprouvé des affections soporeuses , les malades perdent non-seulement la
mémoire , mais encore une partie plus ou
moins considérable de l'usage de leurs sens.
Dans ces différens accidens qui caractérisent
en général des états maladifs plus ou moins
graves , non-seulement il y a affaissement de
l'organe des sens , mais il y a céssation d'action dans les organes destinés aux mouvemens
volontaires.

Il est un état particulier, tel que le somnambulisme et autres agitations de ce genre,
qui manifeste si évidemment l'action dans les
organes destinés aux mouvemens volontaires,
qu'on a peine à concilier avec leur mouvement, la cessation totale d'action , et même
l'affaissement bien prononcé dans les organes
des sens. Cependant , comme la nature , dans
ce cas , ne nous présente visiblement de mouvement que dans les organes destinés aux

mouvemens volontaires ; il faut nécessairement croire, au moins, à un degré quelconque d'affoiblissement dans les organes des
sens, et regarder cet affoiblissement comme
tel, qu'il équivaut à une cessation de leur
action.

Quant aux rêves de toute espèce qui agi-
tent plus ou moins désagréablement ou agréa-
blement la machine, mais qui ne portent pas
le caractère essentiellement maladif, comme
ceux dont nous avons parlé plus haut, ils
ont leur source dans des dispositions diffé-
remment modifiées. Les organes destinés aux
mouvemens volontaires, restent en repos,
tandis que ceux des sens sont en action d'une
manière plus ou moins imparfaite. Ces phénomènes dépendent de l'irritation qu'aura
éprouvé tel ou tel plan de fibres médullaires
pendant la veille. Cette impression n'ayant
pas eu le temps de s'effacer, se trouvera rap-
pelée avec plus ou moins de force et de clarté
au sixième sens, après que tous les autres
auront cessé d'agir.

Il est tel de ces rêves dont le souvenir reste
encore présent à l'esprit après le réveil, et
même avec assez de précision et de clarté,
tandis qu'on ne conserve aucune mémoire des
autres. Tous ces rêves, au reste, dépendent

toujours d'une disposition particulière des organes qui varient selon que plus ou moins de fluide les surcharge ou les laisse dans la vacuité. Ces circonstances portent, par l'entremise des nerfs dont les viscères sont pourvus, des sensations dont l'impression est d'autant plus ou moins durable, et qu'on se rappelle plus ou moins long-temps et exactement, que la sensation a été plus courte ou plus prolongée. Il y a cela de remarquable dans les sensations que font éprouver ces sortes de rêves, que la durée en est d'autant plus grande que la cause qui les produit est moins active; car, dès qu'elle est forte, elle sollicite si vivement la machine, qu'elle excite le réveil tel, par exemple, que dans le cochemar: revenu de cette espèce de combat, on change de position, la partie comprimée ou pressée cesse de l'être, l'équilibre des liqueurs se rétablit; leur marche devenue uniforme, un sommeil doux et tranquille succède à l'agitation.

Quant aux rêves qui rappellent des particularités qui se sont passées depuis un temps plus ou moins considérable, on ne peut que les rapporter du renouvellement d'une disposition de la machine, qui se trouve telle, dans le moment où ils ont lieu, qu'elle se trouvoit

dans le temps où l'action s'est véritablement
effectuée. Au reste, cette matière étant en
quelque sorte inextricable, relativement à
toutes les modifications dont elle est susceptible, puisqu'elle dépend du mode de tension
que les nerfs éprouvent et peuvent éprouver,
et que ce mode de tension ainsi que son degré
pouvant varier à l'infini, ne sauroit être
absolu, mais seulement relatif; on sent bien
qu'il est impossible, entre toutes les raisons
vraisemblables dont on vient de faire l'énu-
mération, et que l'on a cru pouvoir déduire,
en se rendant compte des différens rêves, d'en
appliquer à telle ou telle espèce de rêves, de
précises et de positives.

L'espèce humaine n'est pas la seule qui soit
en proie à ce genre d'agitation, qu'on appelle
rêve : ce phénomène s'observe encore dans les
animaux. Nous n'avons cependant aucun fait
qui nous ait prouvé jusqu'à présent qu'ils
soient sujets au somnambulisme ; mais ils
rêvent assez souvent, et nous avons remarqué
qu'ils rêvoient d'autant plus qu'ils étoient
d'une nature plus sensible et plus irritable.
Ainsi le chien et le cheval rêvent beaucoup
plus souvent que les bêtes à cornes et les bêtes
à laine ; mais cette action, en eux, est aussi
bornée que leurs passions ; on voit qu'elle ne

rappelle, dans les chiens, que les sensations de chasse, de vengeance ou de crainte; du moins le son de leur aboiement n'exprime-t-il que ces sortes de sensations. Quant au hennissement du cheval, il indique ou le désir de se rapprocher d'un autre animal de son espèce, ou l'apparition de la personne qui lui donne à manger. Il en est à peu près de même dans les ruminans; mais le témoignage de leurs passions, en rêvant, n'est sensible que dans les vaches qui allaitent leurs veaux; dans les taureaux et les béliers qui ont servi à la propagation de l'espèce, par des signes très-obscurs de mugissemens dans les uns, et de mouvemens particuliers de lèvres dans les autres.

Pour achever de suivre, pas à pas, la nature, et connoître, autant qu'il est en nous, son vœu dans ce qu'on appelle l'état du sommeil, il nous reste à examiner la position que le corps prend pour s'y livrer. Elle est, à peu près, la même dans l'homme et dans les animaux. Tous rapprochent du tronc la tête et les extrémités, en sorte que le corps décrit un croissant, dont la grande courbure est à l'extérieur, du côté de l'épine dorsale; la petite, celle qui lui est parallèle dans l'intérieur, répond à ce qu'on appelle la ligne blanche. Cette courbure du tronc est d'autant

plus fermée que le ventre est moins volumi-
neux, et que le sujet est moins avancé en
âge. Le corps ainsi plié, prend son point
d'appui sur le côté droit ; de manière qu'il
porte moins du côté de la ligne blanche que
du côté de l'épine. Remarquons bien que cette
position est à peu près la même que celle du
fœtus dans l'amnios, et concluons-en que
c'est la plus propre et la plus avantageuse
pour permettre le relâchement, ou, ce qui
revient au même, le repos le plus absolu de
toutes les parties extérieures de la machine.
En effet, elle favorise l'aisance des parties
contenues, dont les actions ne sauroient être
interrompues ni gênées sans le plus grand
danger. Ces parties ont, dans cette position,
toute la latitude possible à leurs actions et à
leur jeu ; aussi est-ce celle à la faveur de
laquelle les hommes et les animaux dorment
plus long-temps et plus tranquillement que
dans toute autre. Par cette position, les
mouvemens du cœur, les mouvemens des
poumons, ainsi que ceux des muscles abdo-
minaux, ont infiniment plus de jeu que dans
toute autre situation ; elle est aussi la plus
avantageuse pour mettre les muscles dans le
plus grand relâchement, attendu que les
points fixes de ces agens, destinés aux mouvemens volontaires, sont le plus rapprochés

possible des points mobiles. C'est cette position enfin qui ouvre toutes les articulations de la machine animale, qui annulle, pour ainsi dire, tous points de contact entre les pièces articulées, qui permet aux cartilages recouvrant les extrémités des abouts, ainsi qu'aux ligamens capsulaires et latéraux qui les entourent, de recevoir, pendant le repos, les sucs nourriciers dont ils ont besoin, ainsi que l'élasticité qu'une compression prolongée leur avoit nécessairement enlevée. Cette compression est d'autant plus forte que l'exercice de la veille a été plus soutenu et plus violent; de manière que la hauteur de l'homme, ainsi que la longueur et la hauteur des animaux ont plus d'étendue le matin que le soir.

Mais, dira-t-on, cette position n'est pas absolue; car, toute naturelle qu'elle est, tous les sujets, dans l'état de sommeil, ne l'adoptent pas habituellement. La réponse est simple : il n'est que trop vrai que cette position n'est pas toujours celle de tous les individus dans l'état de sommeil; car cette position n'est telle qu'autant que la nature se trouve dans un équilibre parfait : toutes les fois qu'elle est fatiguée ou opprimée d'une manière quelconque, alors la position dont il s'agit change, et est relative à ce genre de fatigue et à ce mode d'oppres-

Dans ce cas, le corps prend automatique-
ment celle des situations dans laquelle il sera
moins gêné ; et, s'il souffre davantage, il fera
de nouveaux efforts pour être moins mal. Il
sera d'autant plus tourmenté, qu'il aura plus
de parties tendues en action, et qui, par
conséquent, ne dormiront pas. Mais quelque
position que le corps prenne, et quelque
différente qu'elle puisse être de celle que nous
venons de décrire, celle dans laquelle se met-
tra ou se trouvera le sujet dormant, est toujours la situation pour lui la moins gênante
qu'il prend machinalement, et que, par conséquent, la nature lui indique de prendre. Nous
reviendrons sur cet article en temps et lieu ;
car, cette matière est si importante et si intéressante, à mon avis, qu'on y peut puiser,
par des observations bien dirigées, des con-
noissances très-remarquables et très-frappantes
sur les differens états de maladies des individus, selon la diversité des positions qu'ils pren-
nent dans l'état du sommeil.

Quant à la durée du sommeil, l'expérience
prouve qu'elle varie, non-seulement dans les
différentes espèces d'animaux, mais encore
dans les différens âges de la vie du même
animal. Les animaux carnaciers dorment
beaucoup plus long-tems que les animaux gra-

nivores ; et le sommeil, dans ces derniers, est plus prolongé que dans les animaux herbivores. Il semble que cette loi ait été établie par la nature, d'après la quantité de suc nourricier que renferme proportionnément chacun de ces alimens, sous un même poids spécifique Elle est vraisemblablement due à la nécessité dans laquelle sont les animaux granivores et herbivores, d'employer plus de temps à remplir leur estomac, tandis que les carnaciers en mettent infiniment moins à l'exécution de la même opération. La viande crue en renferme plus que la cuite ; celle-ci plus que les grains quelconques ; enfin, les grains en renferment infiniment plus que les fourrages secs, et ceux-ci plus que les fourrages verds. Cette dernière différence est énorme ; mais les détails qu'offre cette matière intéressante, seront discutés dans notre traité de la nutrition, auquel nous renvoyons.

Les jeunes sujets dorment en général aussi long-temps que les vieillards dorment peu, et l'on peut dire que cette différence, dans la durée du sommeil, se trouve graduée dans tous les individus, selon qu'ils se trouvent à une époque plus éloignée ou plus rapprochée de celle de leur naissance ; abstraction faite des premiers mois d'allaitement, où l'en-

fant

fant ne fait, pour ainsi dire, que dormir ; il partage assez constamment les vingt-quatre heures, en douze heures de veille et douze heures de sommeil, tandis que l'adulte ne dort ordinairement que huit heures pendant le même espace de temps ; le vieillard, que nous supposons n'avoir aucune maladie ni aucun vice, dort, tout au plus, le quart de la totalité de cet espace.

Cette différence dans la durée du sommeil, relativement à la différence des âges, vient donc, comme nous l'avons dit, des modifications successives qu'éprouve le ton de la fibre, en passant de l'état de mollesse le plus grand à l'état de dureté le plus considérable.

Ces modifications sont toujours l'effet des révolutions, changemens, dérangemens, ou altérations, soit périodiques, soit subits ou accidentels, auxquels la nature nous a soumis, et qu'elle opère constamment sur nos corps, par degrés bien marqués, dans les cinq âges de notre vie, c'est-à-dire, l'enfance, la puberté, l'adolescence, l'âge mûr ou viril, et la vieillesse.

Mais indépendamment de ces changemens successifs dans l'état de nos corps, qui ne sont autre chose que le mouvement régulier

C

de la nature, et qui sont inévitables pour nous ; combien de modifications diverses, momentanées et accidentelles dérangent encore ce mouvement régulier de la nature, pendant la durée de chacune de ces époques de la vie de l'homme ; et, donnant à la fibre plus de tension et de relâchement qu'elle n'en devroit avoir, désordonnent plus ou moins les fonctions animales, désorganisent plus ou moins les parties collaborantes dans leurs points de correspondance et de rapports, en altèrent par conséquent les produits, et finissent par attaquer ainsi, plus ou moins, tous les ressorts, tous les sucs, tous les filtres, jusqu'à ce fluide par excellence, dont l'existence semble nous être démontrée, sans que néanmoins nous en connoissions la nature, et qui paraît être le principe primitif de tout ce qui compose la machine humaine !

Ce sont toutes ces modifications accidentelles et momentanées, étrangères souvent à celles qui s'établissent par la progression des âges, qui influent considérablement, à chaque époque de notre vie, soit sur la durée, soit sur la tranquillité ou sur l'agitation du sommeil.

Ces modifications, comme nous l'avons vu, tenant elles-mêmes à tant de causes différentes, et notamment de si près à l'usage et à la mesure de l'exercice, faculté très-différente du sommeil, il n'a pas été possible de traiter l'un sans l'autre, de même qu'il n'a pas été possible de traiter de l'exercice sans parler, en même temps, de la nourriture, troisième moyen d'entretien et de restauration que la nature a prescrit à nos corps pour leur existence. Ces trois parties, quelque différentes qu'elles puissent être entre elles, n'en sont pas moins indispensables; car il est évident que c'est par la triple combinaison de ces trois moyens, mis en action l'un après l'autre, réciproquement agissants l'un pour l'autre, et réagissants l'un sur l'autre, que nous parvenons à mettre nos corps dans cet état de repos doux, paisible et restaurant, qui constitue le vrai sommeil.

Résumons-nous donc sur cet article, et disons que pour que le sommeil soit parfaitement conforme à cet état de repos que nous venons de désigner, il faut que le relâchement des organes soit uniforme, et que ce relâchement soit le produit d'une consommation modérée des sucs de toutes espèces par la machine. S'il est trop considérable, les parties sont tiraillées douloureusement; s'il est insuffisant, il y a embarras dans les filtres ; dans l'un et dans l'autre cas, le sommeil n'est point complet : le corps, pendant la durée du tems qu'on doit veiller ensuite, sera d'autant moins capable d'exercer , que le repos dont il s'agit aura été moins parfait.

C'est ainsi que l'équilibre de notre machine tient à l'usage sage et raisonné que nous faisons des corps qui nous environnent.

Soit qu'ils agissent sur nous, soit que nous agissions sur eux, soit qu'ils nous pénètrent d'une manière quelconque, il est toujours vrai de dire que la perfection de l'organisation ou de la santé dépend des justes proportions entre la durée d'un exercice relatif à nos facultés , et la durée du sommeil qui doit lui succéder ; comme la perfection des sucs destinés à réparer la machine , dépend de la quantité juste d'alimens admis dans l'estomac, de leur bonne digestion , et de la perfection de leur élaboration dans les différens couloirs qu'ils doivent parcourir. Comme la perfection de leur incorporation et de leur identification dépend , d'une part , des justes proportions des secrétions et des excrétions qui ont eu lieu pendant qu'on veilloit, et de l'autre, d'un véritable sommeil, c'est-à-dire, du relâchement le plus complet et le plus uniforme ,

tant des organes des sens que des organes
destinés aux mouvemens volontaires.

C'est ainsi que, par le mouvement et le
repos, entremêlés de nourriture, la nature
nous donne, nous conserve la vie ; et par la
privation de l'un et de l'autre, nous conduit
enfin à la mort.

NOTES.

(1) L'existence de ce fluide a été niée par un grand nombre d'auteurs, et ce, par la raison qu'ils n'ont observé aucunes cavités dans les filets nerveux, au travers desquels ce fluide devoit circuler ; mais nous observerons que les conducteurs métalliques et autres, ne présentent pas des cavités plus remarquables, dans l'intérieur desquels le fluide électrique circule et se dirige. Pourquoi ce fluide nerveux, que nous supposons au moins aussi délié que cette matière électrique, ne circuleroit-il pas de même ? Toute autre marche eût été trop lente, et la célérité avec laquelle il arrive dans les parties à vivifier et à mouvoir, prouve, au contraire, une sorte de rapport daus la circulation de ces deux matières, et peut-être aussi une sorte d'identité dans leur nature ; mais ce n'est pas ici le lieu de donner à mes idées tout leur développement.

(1) Ce renvoi a rapport à un ouvrage sur la nutrition, auquel le citoyen Chabert met la dernière main, et qui sera mis incessamment sous presse. (*Note de l'Éditeur.*)

Ouvrages du citoyen C H A B E R T , *qui se trouvent chez les mêmes.*

Instructions et Observations sur les maladies des animaux domestiques. 5 vol. *in-8°.*

Instruction sur la manière de conduire et gouverner les vaches. *In-8°.*

Traité de la gale et des dartres des animaux; *in-8°.*

Des organes de la digestion dans les animaux ruminans. *In-8°.*

Instruction sur les moyens de s'assurer de l'existence de la morve, et d'en prévenir les effets. *In-8°.*

Instruction sur la péripneumonie, ou affection gangreneuse du poumon dans les bêtes à cornes. *In-8°.*

Ouvrages sous presse du même Auteur.

Traité du charbon ou entrax dans les animaux.

Traité des maladies vermineuses dans les animaux. *In-8°.* Planche.

Cours des opérations théorique et pratique, à l'usage des écoles vétérinaires. *In-8°.*

Ouvrages nouveaux imprimés en l'an 8, ou 1800 (vieux style.)

Physiologie végétale, contenant une description anatomique des organes des plantes, et une exposition des phénomènes produits par leur organisation. Par J. Senebier. 5 vol. *in-8°.* 21 fr.

Traité sur les engrais, tiré des différens rapports faits au département d'agriculture d'Angleterre, avec des notes ; suivi de la traduction du mémoire de Kirwan sur les engrais, et de l'explication des principaux termes chimiques employés dans cet ouvrage, par Maurice. Un vol. *in-8°.* 5 fr.

Mémoire historique sur la vie et les écrits de De Saussure, pour servir d'introduction à la lecture de ses ouvrages; par J. Senebier. Un vol. *in-8°.* 2 fr. 5o c.

Remèdes préservatifs et curatifs pour les maladies du bétail. Un vol. *in-12.* 1 fr. 25 c.

Traité de la culture des arbres et arbustes qu'on peut élever dans la République, et qui peuvent passer l'hiver en plein air; avec une notice de leurs propriétés économiques. 4 vol. *in-12.* 6 fr.

Matière médicale raisonnée, à l'usage des artistes vétérinaires, par M. Bourgelat. 2 vol. *in-8°.*

Traité de la conformation extérieure du cheval, par le même. *in-8°.*

Essais sur les appareils et sur les bandages, par le même. *in-8°.* fig.

9 782329 489711